ISSN 0371-327X

SITZUNGSBERICHTE DER SÄCHSISCHEN AKADEMIE
DER WISSENSCHAFTEN ZU LEIPZIG

Mathematisch-naturwissenschaftliche Klasse
Band 118 · Heft 2

HERBERT BECKERT

AXIOMATIK — MATHEMATIK UND ERFAHRUNG

AKADEMIE-VERLAG · BERLIN
1985

SITZUNGSBERICHTE DER SÄCHSISCHEN AKADEMIE DER WISSENSCHAFTEN ZU LEIPZIG

MATHEMATISCH-NATURWISSENSCHAFTLICHE KLASSE

Band 111

Heft 1 Prof. Dr. WILHELM MAIER, Vom Erbe Bernhard Riemanns 1975. 16 Seiten – 8° – M 2,50

Heft 2 Prof. Dr. med. HANS DRISCHEL, Organismus und geophysikalische Umwelt
1975. 50 Seiten – 25 Abbildungen – 1 Tabelle – 8° – M 7,–

Heft 3 Prof. Dr. MARIA HASSE, Zum Begriff des allgemeinen Produkts von Kategorien
1975. 32 Seiten – 8° – M 5,–

Heft 4 Prof. Dr.-Ing. h. c. KURT SCHWABE, Analytische Probleme des Umweltschutzes
1975. 28 Seiten – 9 Abbildungen – 2 Tabellen – 8° – M 3,50

Heft 5 Prof. Dr. WOLFGANG BUCHHEIM, Die kopernikanische Wende und die Gravitation
1975. 36 Seiten – 2 Farbtafeln – 8° – M 5,–

Heft 6 Prof. Dr. HERMANN BERG, Photopolarigraphie und Photodynamic
1975. 19 Seiten – 2 Abbildungen – 2 Tabellen – 8° – M 3,–

Heft 7 Prof. Dr. MANFRED GERSCH, Probleme der Insektizide aus heutiger Sicht
1976. 36 Seiten – 9 Abbildungen – 2 Tabellen – 8° – M 4,–

Band 112

Heft 1 Prof. Dr. WALTER BREDNOW, Spiegel, Doppelspiegel und Spiegelungen – eine „wunderliche Symbolik" Goethes 1975. 28 Seiten – 4 Abbildungen – 8° – M 3,–

Heft 2 Prof. Dr. ARTUR LÖSCHE, Über negative absolute Temperaturen. Eine Einführung
1976. 26 Seiten – 12 Abbildungen – 8° – M 4,–

Heft 3 Prof. Dr. med. HERBERT JORDAN, Kurorttherapie: Prinzip und Probleme
1976. 31 Seiten – 10 Abbildungen – 1 Tabelle – 8° – M 4,50

Heft 4 Prof. Dr. FRIEDRICH WOLF / Dr. PETER FRÖHLICH, Zur Druckabhängigkeit von Ionenaustauschreaktionen 1977. 13 Seiten – 6 Abbildungen – 1 Tabelle – 8° – M 2,–

Heft 5 Prof. Dr. DIETRICH UHLMANN, Möglichkeiten und Grenzen einer Regenerierung geschädigter Ökosysteme 1977. 50 Seiten – 20 Abbildungen – 2 Tabellen – 8° – M 6,50

Heft 6 Prof. Dr. ERICH RAMMLER, Zwei Jahrzehnte Entwicklung des Einsatzes der Energieträger Kohle und Erdöl im Weltmaßstab 1977. 29 Seiten – 6 Abbildungen – 4 Tabellen – 8° – M 4,–

Heft 7 Prof. Dr. ULRICH FREIMUTH, Umweltprobleme in der Ernährung
1977. 32 Seiten – 3 Abbildungen – 4 Tabellen – 8° – M 4,–

Band 113

Heft 1 Prof. Dr. ERICH LANGE, Allgemeingültige Veranschaulichung des II. Hauptsatzes
1978. 22 Seiten – 10 grafische Darstellungen – 8° – M 4,–

Heft 2 Prof. Dr. HERBERT BECKERT, Bemerkungen zur Theorie der Stabilität
1977. 19 Seiten – 8° – M 2,50

Heft 3 Prof. Dr. sc. KLAUS DÖRTER, Probleme und Erfahrungen bei der Entwicklung einer intensiven landwirtschaftlichen Produktion im Landschaftsschutzgebiet des Harzes
1978. 20 Seiten – 6 Abbildungen, davon 4 farbige auf 2 Tafeln – 2 Tabellen – 8° – M 7,–

Heft 4 Prof. Dr. sc. med. HANS DRISCHEL, Elektromagnetische Felder und Lebewesen
1978. 31 Seiten – 14 Abbildungen – 2 Tabellen – 8° – M 5,–

Heft 5 Prof. Dr. MANFRED GERSCH, Wachstum und Wachstumsregulatoren der Krebse. Biologische Erkenntnisse und generelle Erwägungen
1979. 32 Seiten – 13 Abbildungen – 1 Tabelle – 8° – M 6,–

ISSN 0371-327X

SITZUNGSBERICHTE DER SÄCHSISCHEN AKADEMIE DER WISSENSCHAFTEN ZU LEIPZIG

Mathematisch-naturwissenschaftliche Klasse
Band 118 • Heft 2

HERBERT BECKERT

AXIOMATIK — MATHEMATIK UND ERFAHRUNG

AKADEMIE-VERLAG • BERLIN
1985

Vorgetragen in der öffentlichen Sitzung am 4. Januar 1984
Manuskript eingereicht am 28. Juni 1984
Druckfertig erklärt am 9. September 1985

Erschienen im Akademie-Verlag Berlin, DDR - 1086 Berlin, Leipziger Straße 3—4

Lizenznummer: 202 · 100/69/85
Printed in the German Democratic Republic
Gesamtherstellung: VEB Druckhaus „Maxim Gorki", 7400 Altenburg
LSV 1015
Bestellnummer: 763 424 6 (2027/118/2)

00300

AXIOMATIK – MATHEMATIK UND ERFAHRUNG

HERBERT BECKERT, Leipzig

Mathematik und Erfahrung ist ein Thema, das bei Philosophen, Naturwissenschaftlern und Mathematikern schon seit dem Altertum eine zentrale erkenntnistheoretische Stellung besitzt und von verschiedenen Standpunkten aus betrachtet werden kann.

Im Gegensatz zu anderen Wissenschaften, deren Ergebnisse im allgemeinen bei steigendem Erkenntnisstand modifiziert werden müssen, sind die in der Mathematik bewiesenen Sätze wahr und bleiben für alle Zeiten richtig.

Zwar ist es der mathematischen Grundlagenforschung trotz erstaunlicher Fortschritte und Eröffnung tiefliegender neuer Einsichten bis heute noch nicht gelungen, die Widerspruchsfreiheit der wichtigsten Teile der Mathematik, wie etwa der Analysis, zu beweisen, doch zweifelt deshalb kaum jemand an der absoluten Richtigkeit der bisherigen und künftig bewiesenen Ergebnisse der Mathematik.

Die Inhalte eines jeden mehr oder weniger umfassenden Wissensgebiets der Menschheit sind stets einer Ordnung fähig. Diese Ordnung erfolgt, worauf der große deutsche Mathematiker DAVID HILBERT in seiner Arbeit [1] „Axiomatisches Denken“ hinweist, stets mit Hilfe eines gewissen Fachwerks von Begriffen in der Weise, das dem einzelnen Gegenstande des Wissensgebiets ein Begriff dieses Fachwerkes und jedem Satz oder jeder Tatsache innerhalb des Wissensgebiets eine logische Beziehung zwischen den Begriffen entspricht. Das Fachwerk der Begriffe ist nach HILBERT nichts anderes als die Theorie des Wissensgebiets. In den Naturwissenschaften liegen diesen logischen Beziehungen durch das Experiment gewonnene Erfahrungen zugrunde, die Sätze und Aussagen der Mathematik folgen dagegen aus rein logischen Schlüssen innerhalb des vorhandenen Fachwerksystems ohne den Rückgriff auf das Experiment.

So ordnen sich z. B. die geometrischen Tatsachen zu einer Geometrie, die die arithmetischen Tatsachen zu einer Zahlentheorie, die statischen, mechanischen und elektrodynamischen Tatsachen zu einer Theorie der Statik, Mechanik und Elektrodynamik usw. Schon die alten Griechen haben bemerkt, dies kann jedermann aus den Elementen des Euklid erfahren, daß schon wenige ausgezeichnete Sätze der Geometrie ausreichen, um das gesamte Fachwerk der Geometrie aus ihnen nach logischen Prinzipien aufzubauen. Aus diesen grundlegenden Postulaten entstanden die Axiomensysteme der Geometrie und weiter nach deren Vorbild später die Axiomensysteme der Arithmetik, der reellen Zahlen, der Mengenlehre usw.

Von einem Axiomensystem verlangt man naturgemäß die Unabhängigkeit der Axiome voneinander, da man sonst mit weniger Axiomen auskäme. Von entscheidender Bedeutung für die eingangs angeführte These von der absoluten Richtigkeit aller mathematischen Sätze ist die Widerspruchfreiheit der zugrundeliegenden Axiome, und hier ergaben sich bekanntlich aus den ursprünglichen Axiomen der Mengenlehre, wie schon ihr Begründer GEORG CANTOR bemerkte, Paradoxien, etwa mit dem Begriff der Menge aller Mengen. Eine dieser Antinomien wurde zuerst von BERTRAND RUSSEL angegeben. Logisch kann man sie durch die folgende Definition eines Dorfbarbiers charakterisieren: „Der Barbier eines Dorfes ist derjenige Mann des Dorfes, der genau die Männer rasiert, die sich nicht selbst rasieren". Darf sich der Barbier selbst rasieren? Die Paradoxien der Mengenlehre CANTORS waren so gravierend, daß ein so bedeutender Mathematiker wie POINCARÉ zuerst der gesamten Mengenlehre ihre Existenzberechtigung absprechen wollte. Wir betrachten es nicht als unsere Aufgabe, hier auf die später erfolgten neuen diese Paradoxien vermeidenden Begründungen der Mengenlehre von ZERMELO-FRÄNKEL und JOHN VON NEUMANN u. a. einzugehen. POINCARÉ hat sich später zur Widerspruchsfreiheit der mengentheoretischen Axiome wie folgt geäußert: „Wir haben einen Zaun errichtet, um die Herde vor den Wölfen zu schützen, aber wir wissen nicht, ob sich bereits einige Wölfe innerhalb des Zaunes befinden."

HILBERT gelang es in seinen bahnbrechenden Arbeiten zu den Grundlagen der Mathematik, die Widerspruchslosigkeit der Axiome der Geometrie auf die Widerspruchslosigkeit der Axiome der reellen Zahlen zurückzuführen, in der Weise, daß ein Widerspruch in den Sätzen der Geometrie auch in der Arithmetik der reellen Zahlen erkannt würde. Die Widerspruchsfreiheit des Axiomensystems der reellen Zahlen läßt sich unter Zuhilfenahme mengentheoretischer Begriffe letztlich auf die des Axiomensystems der natürlichen Zahlen zurückführen. In der von PEANO konzipierten Form lautet dies:

Axiomensystem der natürlichen Zahlen N

a) 1 ist eine natürliche Zahl.
b) Zu jeder nat. Zahl x existiert genau eine natürliche Zahl x', die der Nachfolger von x heißt, es gilt:
   Aus $x = y$ folgt $x' = y'$
c) Es gilt stets $x' \neq 1$.
d) Aus $x' = y'$ folgt $x = y$.

e) Sei M eine Menge natürlicher Zahlen mit der Eigenschaft:

1) 1 gehört zu M.
2) Liegt x in M, dann auch x' in M,

dann gilt $M = N$.

Der großangelegte, geistreiche Versuch DAVID HILBERTS, in den zwanziger Jahren die Grundlagenkrise der Mathematik — um mit seinen eigenen Worten zu reden — ein für allemal aus der Welt zu schaffen, wurde Anfang der dreißiger Jahre jäh durch die Entdeckungen des jungen österreichischen Mathematikers K. GÖDEL mit seinen genialen Konstruktionen von evident richtigen, aber formal unentscheidbaren Sätzen in den Principia Mathematica von RUSSEL und WHITEHEAD und in verwandten Systemen, die auch diejenigen der HILBERTschen Beweistheorie umfaßten, in seine Schranken verwiesen. So bleibt der Nachweis der Widerspruchsfreiheit der Axiome der reellen Zahlen und der Analysis bis heute ein offenes Problem. Daß interessante mathematische Aufgaben, die eine lange Zeit das besondere Interesse der Mathematiker beanspruchten, unentscheidbar im Sinne der Gödelschen Entdeckung sein können, wurde in letzter Zeit offenkundig durch die Nachweise der Unentscheidbarkeit des 1. und 10. HILBERTschen Problems, des Kontinuumsproblems und des Problems in einer endlichen Zahl von Operationen zu entscheiden, ob eine polynomiale Gleichung mit ganzen rationalen Koeffizienten in ganzen Zahlen lösbar ist oder nicht, [2]. HILBERTS formal logische Beweistheorie konnte 1936 zum Nachweis der Widerspruchsfreiheit der Axiome der Arithmetik durch G. GENTZEN ausgebaut werden, freilich wie HERMANN WEYL in seinem brillanten Nachruf auf DAVID HILBERT 1944 [9] bemerkt: “by substantially lowering Hilbert’s standart of evidence”.

Wenn also die HILBERTsche Beweistheorie ihre eigentlichen hochgesteckten Ziele verfehlte, so hat Hilbert doch letztlich mit ihr die weitere Entwicklung der mathematischen Grundlagenforschung und mathematischen Logik auf ganz neue Bahnen gelenkt. Das gilt einmal für die soeben erwähnte Entdeckung der Klasse unentscheidbarer und unlösbarer mathematischer Probleme durch GÖDEL u. a., die das HILBERTsche Beweisprogramm jäh stoppten. Es gilt aber auch zum anderen für die Aufstellung der sogenannten Computeranalysis durch die Mathematiker A. TURING und POST in unabhängigen Arbeiten in den dreißiger Jahren auf formal logischer Basis. Wir wollen hier kurz darauf eingehen, weil man auf diesem Wege ein durchsichtiges Beispiel für ein unentscheidbares, mathematisches Problem aufzeigen kann: A. TURINGS logischer Nachweis für die Existenz eines universellen Computers war richtungsweisend für die moderne Digitalcomputertechnik. Pioniere der Computertechnik, wie JOHN von NEUMANN gingen von der TURING-Analysis aus. Bekanntlich kann man jede Information mittels zweier Symbole etwa 0,1 entlang eines linearen

Bandes verschlüsseln. A. TURING fordert von der nach ihm benannten Maschine, daß sie während eines Schrittes ein Feld des Bandes prüfen und erkennen kann, in Abb. 1 ist das Feld durch einen Pfeil gekennzeichnet. Beim nächsten Schritt kann das Auge der Maschine einen Schritt nach links oder nach rechts gehen und so die benachbarten Felder prüfen. Durch eine Folge dieser Schritte ist es offensichtlich möglich, eine beliebige Gruppe von Feldern zu prüfen. Jede digitale Rechnung längs eines linearen Bandes von Zeichen 0,1 läßt sich nach A. TURING in die folgenden Operationen zergliedern: vgl. Abb. 2, [5]:

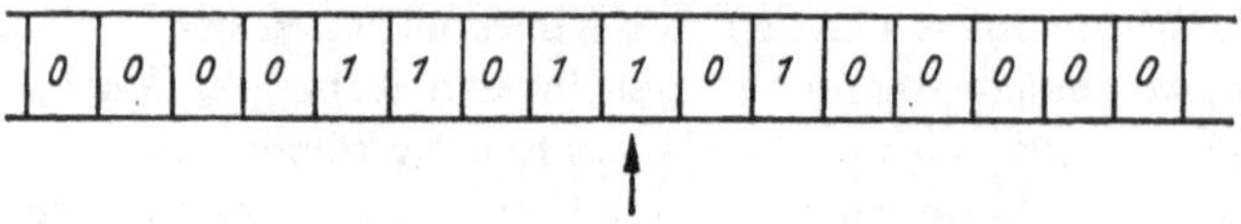

Abb. 1

1. Print 0
2. Print 1
3. Go Left
4. Go Right
5. Go to step i, if 0 is scanned
6. Go to step j if 1 is scanned
7. Halt

Abb. 2

Ein TURING-Programm P für die Maschine besteht aus einer beliebigen Folge von Schritten dieser 7 Befehle, welches auf ein Eingangsband aus einer beliebigen Folge v von Zeichen 0,1 mit endlich vielen Einsen als Input wirkt. Es existieren stets universelle TURING-POST-Programme U in dem Sinn, daß diese jede Rechnung durchführen, welche mit der genannten Maschine überhaupt durchgeführt werden können. Diese auf den ersten Blick erstaunliche Tatsache wird durch den Umstand ermöglicht, daß wir jedes der sieben Befehle, aus denen sich ein TURING-POST-Programm P zusammensetzt, einen Code im 0,1-Zeichensystem zuordnen können und damit auch P selbst codieren. Das universelle Programm U dechiffriert diesen Code und setzt die Maschine instand, das vorgelegte Programm P auf dem Inputstreifen anzuwenden.

In seiner fundamentalen Arbeit aus dem Jahr 1936 stellte A. TURING das folgende „Halting"-Problem: Sei das Programm P vorgegeben, dann gibt es zwei Möglichkeiten:

1) Nach Wahl des Inputs v kommt die Maschine nach endlich vielen Schritten zum Stehen.
2) Dieser Fall tritt nicht ein, die Maschine hält nie an, vgl. Abb. 3.

P

1. Go Right
2. Go to Step 1 if 0 is scanned
3. Stop

1. Das Programm stoppt, wenn die Maschine eine 1 erkennt.
2. Falls wir mit einem Band beginnen, bei welchem rechts vom Anfangsfeld nur Nullen stehen, dann hält die Maschine nie an.

Abb. 3

Das Halting-Problem von A. TURING besteht dann in der Frage: Gibt es eine Methode, die es erlaubt, im voraus zu bestimmen, ob ein Input v bei Anwendung von P die Maschine zum Anhalten führt oder nicht. A. TURING konnte zeigen, daß dieses Problem unlösbar ist, [5]. Der Beweis wird indirekt geführt. Die Annahme, es gäbe ein derartiges Verfahren, führt auf einen Widerspruch. TURING hat so ein sehr einfaches, anschauliches, unlösbares, die Grenzen mathemathischer Erkenntnis aufzeigendes Problem entdeckt. Er konnte weiter zeigen, daß der bereits genannte HILBERTsche Ansatz zum Nachweis der Widerspruchsfreiheit der Axiome der Analysis das Ziel nicht erreichen kann, da dies nach seiner logischen Analysis auf eine Lösbarkeit des „Halting"-Problems führen würde. In der Folgezeit sind weitere unlösbare Probleme der Mathematik auf die Unlösbarkeit des „Halting"-Problems zurückgeführt worden, wie die Lösung des Wort-Problems durch E. POST u. a.

Ich wende mich nun dem zweiten Teil zu:

„Mathematik und Erfahrung". Dieses Thema umfaßt einmal die Frage nach der Bedeutung der Mathematik für alle Erfahrungswissenschaften, wie umgekehrt die Frage nach dem Einfluß der Erfahrung auf die Entwicklung der Mathematik selbst.

Was den erstgenannten Gegenstand anlangt, so kann über die beherrschende Stellung der Mathematik bei der qualitativen und auch quantitativen Beschreibung von Naturvorgängen, wie ihre Dominanz bei jeder Theorienbildung kein Zweifel bestehen. Ein großer Teil der Naturwissenschaften, insbesondere die Physik und ihre Anwendungsgebiete bestünden ohne die ordnende Kraft der Mathematik letztlich aus bloßen Aufsummierungen von Erfahrungstatsachen ohne tiefere Einsicht in die Zusammenhänge. Die Mathematik erst stellt die geeigneten Begriffssysteme zur Formulierung der Naturgesetze bereit und ermöglicht exakte Vorausberechnungen nach diesen oder nach hieraus folgenden spezielleren Gesetzen. Natürlich ist die Mathematik nicht in allen modernen Wissenschaftsdisziplinen so dominant wie in der Physik, doch ist ihre Wirksamkeit auf beinah alle Wissensgebiete, wenn auch unterschiedlich, in den letzten Jahrzehnten sprunghaft angestiegen. Der Grund liegt in den epochalen Fortschritten der elektronischen Rechentechnik und Informationsverarbeitung, in vielleicht geringerem Umfang an den Fortschritten der Mathematik selbst. Die mit höchster Präzision ablaufenden Prozesse zur Steuerung und Inbetriebhaltung von Raketen in der Weltraumfahrt, aber leider auch in Kriegstechnik bilden ein augenfälliges Beispiel der enormen Leistungsfähigkeit von Mathematik und Rechentechnik in der Gegenwart.

Auch heutzutage ist nur ein relativ kleiner Teil der in der Mathematik theoretisch gelösten Probleme mit vernünftigem Aufwand rechentechnisch erschließbar, doch steigt mit jeder neuen Computergeneration der Umfang der rechentechnisch sowohl numerisch wie durch Simulation aufbereitbaren Aufgaben. Diese Entwicklung schreitet stürmisch weiter fort. Mathematik und Elektronik, also letztlich die Physik, sind hieran gleichermaßen beteiligt. Wenn die Erfindung der Differential- und Integralrechnung durch NEWTON und LEIBNIZ im 17. Jahrhundert das Tor zur modernen Mathematik öffnete, erschloß andererseits die rasante Entwicklung der Rechentechnik in der Gegenwart ungeahnte Möglichkeiten für die Nutzbarmachung der Mathematik. Im Lichte dieser Tatsachen entsteht eine uralte Frage: Wie ist diese Übereinstimmung von Mathematik und Erfahrung zu verstehen? Warum führen mathematische Wahrheiten bei deren Abbildung auf die reale Umwelt stets auch zu empirisch nachprüfbaren Wahrheiten. Wie ist es möglich, daß der Mensch die Naturgesetze in Phyik und Chemie mit dem Begriffssystem der Mathematik erfassen und hiernach exakte Vorausberechnungen durchführen kann. Ich glaube, um diese Tatsache im richtigen Licht zu sehen, sollte man besser umgekehrt die Frage stellen: „Welchen Einfluß hatte die Erfahrung auf die Entwicklung der Mathematik und welchen Anteil haben das Denken einerseits und die Erfahrung andererseits an unserer Erkenntnis?“

Während die Naturwissenschaften in ständigem Kontakt mit der Erfahrung stehen, und sich das Fachwerksystem ihrer Begriffe durch gezielte Experimente erweitert, erfolgen die Fortschritte in den Teilgebieten der Mathematik über weite Etappen losgelöst von jedweder Erfahrung, durch das reine Denken von Satz zu Satz und von Begriff zu Begriff fortschreitend. Nicht zuletzt dieser Sonderstellung mathematischen Denkens wegen verlangte PLATON von seinen Schülern fundierte mathematische Kenntnisse als Vorbedingung für das Studium seiner Philosophie, der Ideenlehre. Die beobachtbaren Erscheinungen sind variabel und widersprüchlich nach PLATON, aber die Welt der Ideen sei wahr, die mathematischen Objekte liegen zwischen den Ideen und der beobachtbaren Welt, mathematische Erkenntnis zwischen Anschauung und philosophischer Erkenntnis, der Ideenlehre. Die Auszeichnung des mathematischen Denkens in der PLATONschen Philosophie hat viel zu dem hohen Ansehen der Mathematik bei den alten Griechen beigetragen. PLATONS Einfluß reicht bis in die heutige Zeit. So äußerte einmal WERNER HEISENBERG, daß ihm das frühere Studium der PLATONschen Ideenlehre zu dem die Fachwelt überraschenden kühnen Modell seiner Matrizenmechanik zum Zwecke der Beschreibung der Energieniveaus quantenmechanischer Systeme beflügelte, bedeutete doch dieser Ansatz eine bewußte Abkehr von der klassisch anschaulichen, rationalen, mathematischen Naturbeschreibung zugunsten eines mehr auf logische Übereinstimmung hinzielenden mathematischen Modells. Die Unterbewertung, die PLATON den mathematischen Anwendungen gegenüber den theoretischen Teilen der Mathematik zumaß, dominiert bis in die heutige Zeit trotz der stürmischen Entwicklung der Computertechnik.

Kehren wir zur vorhin gestellten Frage nach dem Anteil, den das Denken einerseits und die Erfahrung andererseits an der Entwicklung der Mathematik haben, zurück. Zunächst kann offensichtlich kein Zweifel bestehen, daß weite Teile der Mathematik durch Problemstellungen, die direkt oder indirekt mit der Erfahrung im Zusammenhang stehen, entscheidend gefördert wurden und noch werden. NEWTON ging bei seiner Erfindung der Differential- und Integralrechnung von der Mechanik aus und gelangte zum Differentialquotienten über die Definitionen von Geschwindigkeit und Beschleunigung in einer ungleichförmigen Bewegung eines Massenpunktes. Auf der anderen Seite betrachtete Leibniz bekanntlich das anschauliche Problem, die Tangente an eine Kurve zu konstruieren. Die Erfindung der Integralrechnung als Umkehr der Differentialrechnung wurde durch das Problem der Berechnung von Flächen- bzw. Rauminhalten angeregt.

Man kann ohne Übertreibung sagen, daß die analytische Forschung im Anschluß hieran auf allen Teilgebieten zunächst durch die Mechanik, später durch die anderen Bereiche der theoretischen Physik bis in die heutige Zeit mitbestimmt wurde. Ähnliches gilt für die Mehrzahl anderer mathematischer Gebiete, wie die Geometrie. Daß man den Einfluß der Erfahrung selbst in rein theoretischen Fächern wie der mathematischen Logik nicht von vornherein ausschließen kann, beweist das Beispiel der TURINGschen Analysis im ersten Teil dieses Vortrags. In den modernen Naturwissenschaften sind, wie DAVID HILBERT in [3] mit Recht bemerkt, beständig Theorie und Praxis, Denken und Erfahrung aufs innigste verschlungen. Bald eilt die Theorie, bald das Experiment voraus, immer sich gegenseitig bestätigend, ergänzend und anregend."

Wir wollen dieses Wechselspiel zwischen Mathematik und Erfahrung noch etwas schärfer unter die Lupe nehmen.

Ist das mathematische Denken letztlich doch im Laufe der Evolution durch die Erfahrung in seine jetzigen Bahnen gelenkt worden? Nach dem axiomatischen Aufbau der Mathematik sind zur Entscheidung dieser Fragen die Erfahrungsinhalte der mathematischen Axiome einerseits und die der Denkgesetze der allgemeinen Logik zu prüfen, eine Aufgabe, die natürlich nicht neu gestellt ist und die wir hier vom mathematischen Standpunkt aus beleuchten wollen. Wir werfen zunächst einen Blick auf die Geometrie.

Die alten Griechen betrachteten die Ägypter als Erfinder der Geometrie. Die Mathematik der Ägypter war durchweg auf Anwendungen orientiert, wie die Hyroglyphentexte mathematischen Inhalts aufzeigen. Bekannt waren schon im alten Reiche 3000–2200 v. u. Z. die richtigen Formeln für die Flächenberechnung von Dreieck, Rechteck und Trapez ferner für das Volumen einer Pyramide und eines Pyramidenstumpfes mit quadratischer Basis. Über die Verhältnisse in Ägypten schreibt HERODOT in den Historien: „Wenn aber der Fluß (Nil) von einem Landstück einen Teil wegnahm, ging der Besitzer zum König und machte Anzeige. Er schickte dann Leute hin, die das zu besichtigen und auszumessen hatten, wieviel kleiner das Stück geworden war ... Und ich meine, auf diese Art ist dort die Geometrie erfunden worden und ist von dort nach Hellas gekommen", [7]. Die Einschätzung zur Entwicklung der Geometrie im alten Ägypten durch HERODOT ist einleuchtend. Sie ließe sich auch auf andere Kulturkreise ausdehnen, wenngleich in Ägypten die äußeren Bedingungen durch die Überschwemmungen des Nils — hinzu tritt noch das hochentwickelte Bauwesen — für die Erfindung einer Geometrie besonders günstig waren.

Die euklidische Geometrie ist die Geometrie unseres unmittelbaren Erfahrungsraumes. Sie ist ein besonders einfacher Fall unter unendlich vielen denkmöglichen Geometrien. Der Satz, daß die Winkelsumme im Dreieck 180° (zwei Rechte) beträgt und daher das Parallelenaxiom gilt, ist, wie schon GAUSS klar erkannte, nur durch das Experiment festzustellen oder zu widerlegen. Bekanntlich hat GAUSS tatsächlich diese Frage durch Dreiecksmessungen im Rahmen umfangreicher Landvermessungsarbeiten zu klären versucht. Nach der Philosophie von KANT sind Raum und Zeit Vorstellungen a priori die Basis für alle äußeren Anschauungen und Erfahrungen. Im Lichte der zuletzt genannten Tatsachen und der modernen Erkenntnisse der Physik, insbesondere der allgemeinen Relativitätstheorie, ist dieser Standpunkt heutzutage nicht mehr aufrechtzuerhalten. Schon in seinem Brief an WOLFGANG BOLYAI 1832 schreibt GAUSS u. a. „Gerade in der Unmöglichkeit zwischen Euklidischer und Nichteuklidischer Geometrie a priori zu entscheiden liegt der klare Beweis, daß KANT Unrecht hatte, zu behaupten, der Raum sei nur Form unserer Anschauung. Den empirischen Charakter der Geometrie verteidigt auch D. HILBERT überzeugend in [3], wo es heißt: „Hiernach ist die Geometrie derjenige Teil des gesamten physikalischen Begriffsfachwerks, der die möglichen Lagenbeziehungen der starren Körper gegeneinander in der Welt der wirklichen Dinge abbildet. Daß es beweglich starre Körper überhaupt gibt und welches die Lagenbeziehungen sind, ist lediglich Erfahrungssache", und weiter: „Wir können sagen: in der neueren Zeit ist die von GAUSS und HELMHOLTZ vertretene Anschauung über die empirische Natur der Geometrie zu einem sicheren Ergebnis der Wissenschaft geworden. Sie muß heute für alle philosophischen Spekulationen, die Raum und Zeit betreffen, als fester Anhaltspunkt dienen".

Der hierdurch beantworteten Frage nach der empirischen Natur der Geometrie steht die analoge Frage nach der Natur des Zahlenbegriffs gegenüber. Während die geometrischen Objekte Gegenstände unserer Wahrnehmung sein können, trifft dies auf die Zahlen, gemeint sind die natürlichen Zahlen 1, 2, 3 ... nicht zu. Zahlen kann man nicht sehen oder ertasten wie starre Körper oder andere geometrische Objekte. Herr KELLER geht in [6] auf den Zahlbegriff und das Zählen ein und zieht eine Fülle von originellen, interessanten Querverbindungen, wobei er freilich von einer Entwicklungsstufe ausgeht, in welcher der Mensch das Zählen schon erlernt hat. Wir wollen hier einen Schritt weiter gehen, zuvor noch einen Blick in die Mathematikgeschichte der Zahlen des Altertums werfen [7].

Es ist bekannt, daß in primitiven Kulturen nur wenige Zahlzeichen verwendet wurden und heute noch werden. Im alten Ägypten wuchs mit der Entstehung eines hochorganisierten Staatswesens, durch Einführung des Münzwesens, die Erhebung von Steuern, durch die landwirtschaftliche Produktion und den Handel sowie die Verwaltung einer großen Armee die Zahl der benötigten Zahlzeichen beträchtlich. So fand man z. B. in einem Monument aus der ersten Dynastie im dritten Jahrtausend vor der Zeitrechnung das „Zahlsymbol" für 100000. Das Zahlsystem der Ägypter war primitiv, ähnlich wie später das der Römer mit Zeichen für eins, zehn, hundert und tausend usw. Die Addition erfolgte durch Abzählen der Einer, Zehner, Hunderter usw., die Multiplikation auf der Basis der Verdopplung und nachfolgender Addition der Ergebnisse. Diese Methode wurde auch von den alten Griechen übernommen und in griechischen Schulen als ägyptische Multiplikation bezeichnet, im Mittelalter als Methode „Duplatio" wie in: 12×12: $1/12 + 2/12$; $4/12 + 8/12 = 96 + 48 = 144$.

Die Division erfolgte als Umkehr dieses Verfahrens. Die Ägypter kannten eine primitive Bruchrechnung für eine kleine Zahl von Brüchen mit spezifischen Bezeichnungen für 1/2, 1/3, 2/3; 1/4, 3/4, zusätzlich später auch für 1/6, 1/8.

Auf ungleich höherem Niveau befand sich die Mathematik der Babylonier, die schon über ein Positionssystem mit der Basis 60, dem Sexagesimalsystem der Sumerer zur bequemen und übersichtlichen Darstellung von Zahlen und Sexagesimalbrüchen verfügten. Nach den fundamentalen Untersuchungen von O. NEUGEBAUER, THUREAU-DANGIN (Mathematische Keilschrifttexte, 1935) u. a. war die Algebra bei den Babyloniern schon erstaunlich hoch entwickelt, ebenso die Astronomie. Sie beherrschten die Lösung von linearen und quadratischen Gleichungen und speziellen Systemen quadratischer Gleichungen ferner die Summation arithmetischer und gewisser geometrischer Reihen. Der

Lehrsatz des PYTHAGORAS war ihnen schon 1000 Jahre vor PYTHAGORAS bekannt. Die ausgezeichnete sexagesimale Schreibweise ermöglichte den Babyloniern die Ausbildung einer numerischen Mathematik einschließlich der Bruchrechnung auch für astronomische Rechnungen. Die Ägypter und später die Römer konnten wegen ihres plumpen, unzureichenden Zahlsystems dagegen nur in bescheidenem Umfang numerische Rechnungen durchführen. Der große Alexandrinische Astronom PTOLOMEUS 150 u. Z. teilte den Kreis in 360 Teile = 360°, 1 Grad in 60 Min. und jede Minute in 60 s. Er beherrschte die babylonische sexagesimale Rechentechnik einschließlich des Ziehens von Quadratwurzeln mit großer Virtuosität. Das Zahlmaß ein Schock geht ebenfalls auf die babylonische Basis 60 zurück, ebenso die Einteilung des Tages in 24 Stunden.

Starke Beachtung verdient die Mathematik in China vor der Zeitrechnung, über welche die 1957 in russischer Übersetzung vorliegenden „Neun Kapitel der Kunst der Mathematik" (CHIU CHANG SUAN SHU) Aufschluß geben. Nach dem chinesischen Mathematiker LIU HUI (3. Jh. u. Z.) basiert diese Arbeit auf einen Erkenntnisstand, der noch vor der Zeit 200 vor der Zeitr. in China vorherrschend war [8].

Man kann hieraus entnehmen, daß die chinesische Algebra und auch Geometrie noch auf einer höheren Stufe stand als in Babylon. Über das uns bekannte mathematische Wissen in Babylon hinaus entwickelten die chinesischen Mathematiker u. a. eine Auflösungstheorie von linearen Gleichungssystemen mit beliebig vielen Unbekannten, die mit unserem heutigen Eliminationsverfahren, durch äquivalente Umformungen Dreiecks-Koeffizientenmatrizen zu gewinnen, übereinstimmt. Hierbei führten sie auch negative Zahlen ein. Der euklidische Algorithmus zur Bestimmung des größten gemeinschaftlichen Teilers zweier natürlicher Zahlen m, n war bekannt und wurde von den chinesischen Mathematikern zum Kürzen des Bruches $\frac{m}{n}$ verwendet. In einem der chinesischen astronomischen Texte wir du. a. der Lehrsatz des PYTHAGORAS streng bewiesen.

Ausführliche Angaben über den hohen Stand der Mathematik im alten China findet man u. a. in [8].

Die Wurzeln der Mathematik der alten Griechen liegen in Ägypten und Babylon. Die Griechen erkannten die logisch-axiomatische Natur der Mathematik, die Notwendigkeit von Beweis zu Beweis fortzuschreiten und von gesicherten Erkenntnissen auszugehen. Dieser charakteristische Zug der griechischen Mathematik war neu und hat ihre führende Stellung in der Mathematikgeschichte des Altertums fest begründet.

Was hat die Griechen bewogen, allen voran THALES von Milet 600 v. u. Z., strenge Beweise für die Sätze der Mathematik zu fordern. VAN DER WAERDEN erklärt in [7] dies aus dem Schüler-Lehrerverhältnis, in welchem sich die griechischen Mathematiker und Astronomen dieser Zeit zu ihren früheren Kollegen aus den babylonischen und ägyptischen Kulturkreisen befanden. Waren die Babylonier und Ägypter mehr auf Anwendungen ihrer Ergebnisse bedacht gewesen, die sie auch zum Teil empirisch erhalten hatten, so stellten die Griechen als Schüler die Frage nach dem „Warum", um so mehr, wenn sie z. B. erfuhren, daß die Babylonier den Flächeninhalt eines Kreises nach der Formel $3r^2$ die Ägypter dagegen nach der Formel

$$(16/9 \cdot r)^2 = (16/9)^2\, r^2 = 3{,}16\, r^2$$

berechneten. Sie erkannten, daß eine Antwort hierauf nur über einen strengen axiomatisch logischen Aufbau der Mathematik möglich sein kann.

Die Griechen hatten wie die Ägypter feste Zahlzeichen, also ein Rückschritt zu den Babyloniern, später wurde eine schwerfällige alphabetische Notation bevorzugt. Brüche wurden als Zahlenverhältnisse gedeutet und in ihre Lehre von den Proportionen eingeordnet. Als Fortsetzung der babylonischen Algebra entwickelten die Griechen eine geometrische Algebra über die Strahlensätze und den Pythagoreischen Lehrsatz. Auf die bedeutenden, richtungsweisenden Leistungen der griechischen Mathematiker gehen wir hier nicht weiter ein. Die Araber haben die griechische Mathematik und babylonische Algebra für die Nachwelt wachgehalten.

Unser heutiges Dezimalsystem ist eine Erfindung der Inder im 6ten Jahrhundert u. Z. Während der Zeitperiode 200—600 u. Z. wurden die indischen Astronomen mit den Rechnungen und Beobachtungen der griechischen Astronomie vertraut und übernahmen das Zeichen Null zur Bezeichnung des Stellenwerts, das die griechischen Astronomen in ihren Rechnungen mit dem sexagesimalen System der Babylonier eingeführt hatten. Mit nur 10 Zeichen können so alle rationalen Zahlen dargestellt werden. Die Araber übernahmen das indische Dezimalsystem. AL'KHWARIZNIS Arithmetikbuch wurde im 12. Jh. ins Lateinische übersetzt. Die Einführung der Null verursachte hier viel Unverständnis. Deshalb wurde vor 500 Jahren nördlich der Alpen noch ausschließlich mit den primitiven römischen Zahlen und der Abakustafel gerechnet.

Kehren wir jetzt zu unserer Ausgangsfrage nach dem Einfluß der Erfahrung auf das mathematische Denken zurück. Wie hat der Mensch das Zählen gelernt? Zunächst resultieren die Zahlen in unserem Denken aus einem Abstraktionsvorgang. Es kommt beim Zählen nicht darauf an, ob wir 5 Birnen längs einer linearen Anordnung oder 5 Äpfel derselben Anordnung abzählen. In den Urgemeinschaften der Menschen war sicher die Zahl der gesammelten oder erjagten Nahrungsgüter bei der Verteilung und beim Tausch untereinander von großer Bedeutung. Hierdurch bildeten sich die Fähigkeiten zum Zählen weiter. Dabei hing ursprünglich — wie heute bei wenig entwickelten Völkern nachweisbar — das zu verwendende Zahlwort noch von der Art der gezählten Gegenstände ab. Die Zuordnung später der zu zählenden Objekte zu den Fingern ist eine weitere Vorstufe des Zählens. Offenbar ist das keine höhere Form von Abstraktion als sie die Erfindung einer Sprache erfordert. In einer Sprache werden die Gegenstände unserer Erfahrung auf ein Fachwerk von Begriffen, Wörtern eindeutig abgebildet und die Beziehungen zwischen den Gegenständen auf logische Aussagen innerhalb des Fachwerksystems. Der Mensch war daher bei der Sprachfindung schon imstande, von den spezifischen Merkmalen dieser Gegenstände zu abstrahieren und das Wesentliche durch ein einziges Wort festzuhalten, etwa mit dem Wort Tisch, daß er nur ein Tisch ist, unabhängig von dessen Form, Farbe und Lage im Raum usw. Die damit erzielte Zerlegung von Information in Wörtern für die Gegenstände, für die Merkmale und für die logischen Beziehungen untereinander zur Charakterisierung dieser Gegenstände, bildete die Basis für die allmähliche Entwicklung des logischen und später auch des mathematischen Denkens.

In einer weiteren Entwicklungsstufe nimmt der sprechende Mensch die genannte Zuordnung der zu zählenden Objekte auf eine lineare Reihe senkrecht oder waagerecht in eine Tafel aus Lehm eingeritzter Striche vor, wenn insbesondere die zehn Finger nicht mehr ausreichten. Das beweisen die Zahlzeichen der alten Ägypter, Sumerer und Inder, vgl. etwa [7]. Viele derartige Striche sind unübersichtlich, daher führten die Inder nach Schriften zur Zeit des ASOKA 3. Jh. vor der Zeitrechnung bereits für die 4 ein neues Zeichen ein, ähnlich wie übrigens später die Römer. Die alten Ägypter hatten ab zehn ein neues Zeichen. Man ordnete dann diese neuen Zahlzeichen und auch die durch einen, zwei, drei und mehr Striche gekennzeichneten Zahlen in das Begriffssystem der jeweiligen Sprache ein. Das Zählen, d. h. der Übergang von einer natürlichen Zahl a zur nächst größeren $a + 1$ entspricht dann anschaulich der Hinzufügung eines Striches zu den a Strichen, die die Zahl a charakterisieren. Daß wir so immer weiter zählen können und dabei immer neue Zahlen erhalten, ist unter diesem Blickwinkel ausschließlich Erfahrungssache, da man stets einen neuen Strich anfügen kann. Natürlich haben die Menschen in den Urgemeinschaften nicht darüber nachgedacht, daß man immer weiter zählen kann, kamen sie doch mit relativ wenig Zahlzeichen aus. Im hochorganisierten Staatswesen dagegen spielte, wie das Beispiel Ägypten zeigt, die Landvermessung eine lebenswichtige Rolle und damit das Messen von Entfernungen. In der Theorie der reellen Zahlen kennt man das Axiom des Messens, das sogenannte ARCHIMEDische Axiom. Es besagt anschaulich, daß wir jede noch so große Entfernung stets durch Aneinanderfügen etwa einer Meßplatte beliebiger Länge ausmessen, d. h. den Endpunkt der auszumessenden Strecke hierbei erreichen können, ebenso besagt es die Tatsache, daß wir jede noch so kleine Entfernung durch einen ganzzahligen Teil der Latte, etwa durch das Metermaß ausdrücken können. Das ARCHIMEDIsche Axiom ist von den übrigen arithmetischen Axiomen unabhängig. Man kann sehr leicht Zahlsysteme konstruieren, die nichtarchimedisch angeordnet sind. Daher ist die Gültigkeit dieses Axioms, welche Grundlage jeden Messens ist, nur durch die Erfahrung bestätigt worden, ähnlich wie der Satz von der Winkelsumme im Dreieck nach GAUSS nur durch das Experiment aufgeklärt werden kann. Das Aneinanderfügen der Meßlatte entspricht dem Zählen und die Erfahrung, daß wir jede Entfernung damit ausmessen können der Vorstellung, daß wir durch Zählen jede noch so große Zahl erreichen. Dies weist auf die empirische Natur des Axioms der vollständigen Induktion hin, welches die Grundlage für die genetische Konstruktion der natürlichen Zahlen bildet.

Natürlich haben wir nur einige wenige Bezüge des Zählens zu der Erfahrungswelt der Menschen aufgezeigt. Es ließen sich noch viele Querverbindungen ziehen. Am Ergebnis ändert sich nichts. Die Anlage zum abstrakten Denken, die zur Erfindung einer Sprache erforderlich ist, befähigte den Menschen, um durch mannigfache Einflüsse der Erfahrung schließlich auch das Zählen zu erlernen und diese Fähigkeit auch anzuwenden.

Das Fachwerksystem der Analysis ruht auf dem Fachwerkgerüst der reellen Zahlen, das nach DEDEKIND, WEIERSTRASS und CANTOR mit Hilfe mengentheoretischer Begriffe aus dem der natürlichen Zahlen deduziert werden kann. So sehen wir, daß nicht nur die Geometrie, sondern auch die Analysis, soweit sie auf dem Begriff der natürlichen Zahl beruht, letztlich von der Erfahrung ihren Ausgang nimmt. Dasselbe gilt im wesentlichen auch für die anderen Gebiete der Mathematik, wie etwa in der Algebra, von den algebraischen Operationen der Addition, Subtraktion, Multiplikation usw. Auch bei der Definition mathematischer Begriffe in den einzelnen selbst abstraktesten Disziplinen der Mathematik orientiert sich das mathematische Denken mit an der Erfahrung, an der Anschauung wie etwa: am Größten und Kleinsten, dem Maximum und Minimum einer Gesamtheit, an der Zuordnung und Abbildung von Dingen aufeinander, der Anordnung, an geometrischen Begriffen wie Spiegelung und Symmetrie usw.

Im Dasein der Menschen der Urgemeinschaften stehen rationales Denken, d. h. mit der Erfahrungswelt in Übereinstimmung befindliches Denken und irrationales Denken, ohne Bezug zur Erfahrungswelt gegenüber. Seit den Anfängen der mathematischen Naturwissenschaften besteht kein Zweifel, daß die Vorgänge in der Natur nach logischen Prinzipien ablaufen. Vorher konnte der Mensch natürlich von dieser Ordnung in der Natur keine Vorstellungen haben. Und doch hat sich das rationale Denken in der beschränkten Erfahrungswelt der Menschen der Urgemeinschaften allmählich sicher über einen langen Zeitraum zu einem logischen Denken entwickelt, weil auch hier die Logik allgegenwärtig war und der Mensch sein durch Erfahrung erworbenes Wissen ohne eine Form logischen Schließens nicht hätte nützen und anwenden können. Dafür, daß der Mensch der Urgemeinschaft schon eine Anlage besitzt, auf logische Beziehungen in seiner Erfahrungswelt zu reagieren, gibt es nach meiner Meinung ein treffendes Beispiel: das der Sprache. Die Sprache ist eine Erfindung, an der eine Vielzahl von Menschen, ein ganzes Volk beteiligt ist. Sie entsteht im Unterbewußtsein der Menschen nicht ausschließlich in rationalen Bereichen. Und trotzdem ist selbst eine primitive Sprache nicht nur eine Sammlung von Wörtern zur Bezeichnung von Gegenständen, Merkmalen und Beziehungen, es zeigt sich vielmehr, daß jede Sprache mehr oder weniger unterschiedlich in Form logischer grammatischer Regeln auf den logischen Gehalt ihrer Aussagen Bezug nimmt. So wird die Sprache zu einer ausdrucksvollen logischen Schöpfung eines Volkes. Das rationale Denken hat sich über lange Zeiträume der Entwicklungsgeschichte zu einem logischen in der Erfahrung widerspruchsfreien Denken entwickelt, vgl. hierzu auch [10]. Als Folge hiervon entwickelten sich, wie wir an einzelnen Beispielen aufzeigten, die Begriffsbildungen der Mathematik aus der Erfahrung weiter bis hin zu den grundlegenden Definitionen. In den Kulturkreisen des Altertums, wie z. B. in Ägypten, Babylon, China und Indien führten naturgemäß der Handel, das Bauwesen, die Landvermessung und die Astronomie usw. auf die gleichen mathematischen Problemstellungen, wie auf die Flächen- und Inhaltsberechnungen elementarer geometrischer Figuren und Körper und auf die algebraischen Rechenoperationen, die Bruchrechnung und Gleichungstheorie linearer und quadratischer Gleichungen. Zu letzteren führte der Lehrsatz des PYTHAGORAS, der in allen oben genannten Staaten bekannt war. Die herausragende Stellung des rechten Winkels bei Vermessungen, aber auch in der ritualen Ornamentik, dürfte die Entdeckung der PYTHAGORäischen Zahlen begünstigt haben. Es ist daher verständlich, daß sich die Mathematik anfänglich in den einzelnen Kulturkreisen weitgehend parallel weiterentwickelte, wenn auch unter Gebrauch unterschiedlicher Zahlsysteme und bis zu unterschiedlichem Niveau. Natürlich wurde die Entwicklung auch durch einen Austausch von Informationen mit beeinflußt.[1]

Durch den genannten Bezug des logischen Denkens und der mathematischen Grundbegriffe zur Erfahrung wird unserer Meinung nach die Übereinstimmung von Experiment und Vorausberechnung erst wirklich erklärbar. Es wird so verständlich, daß die mathematischen Vorausberechnungen nicht zu Widersprüchen mit der Erfahrung führen.

[1] Zu einer kühnen, weitreichenden Arbeitshypothese gelangt VAN DER WAERDEN in [8] auf Grund der Vermessungen der steinzeitlichen Monumente in Portugal, Spanien und England (Stonehenge) und der Indoeuropäischen Sprachentwicklung.

Freilich, die Evolution des mathematischen Denkens, von einfachen logischen Grundbegriffen aus zu den Höhen der heutigen Mathematik vorzustoßen, ist ein Wunder, das unser kurzer Streifzug zu den Anfängen des rationalen Denkens der Menschen nicht aufklären kann.

Wie die Wissenschaftsgeschichte zeigt, gehen die entscheidenden Impulse für die mathematische Forschung oder auch die für jedes andere naturwissenschaftliche Gebiet in jeder Generation nur von einigen wenigen hervorragenden Wissenschaftlern aus, die die Arbeit in ganz bestimmte Bahnen lenken. In den Naturwissenschaften befruchten sich Theorie und Experiment gegenseitig und entfernen sich nicht zu weit voneinander. Die moderne mathematische Forschung dagegen entwickelt sich auf vielen Gebieten meist ohne direkten Bezug zu den Anwendungen innermathematisch von Problem zu Problem weiter. Und hier zeigt sich häufig ein wunderbarer Parallelismus zwischen mathematischer Problemfindung, mathematischem Denken und den Erscheinungen in der Natur. David Hilbert äußert sich zu diesem Sachverhalt in seinem hier von mir schon mehrfach zitiertem Aufsatz [3] wie folgt: „Wir können diese Übereinstimmung zwischen Natur und Denken, zwischen Experiment und Theorie nur verstehen, wenn wir das formale Element und den damit zusammenhängenden Mechanismus auf beiden Seiten der Natur und unseres Verstandes berücksichtigen. Der mathematische Prozeß der Elimination liefert, wie es scheint, die Ruhepunkte und Stationen, auf denen ebenso die Körper in der realen Welt, wie die Gedanken in der Geisteswelt verweilen und sich dadurch der Kontrolle und der Vergleichung darbieten“.

Der genannte Parallelismus zwischen Denken und Natur offenbart sich auch noch in anderer Weise: Diejenigen mathematischen Probleme, deren Lösungen Vorgänge in der Natur beschreiben, sind auch für die mathematische Forschung selbst von besonderer Bedeutung und besitzen im allgemeinen große Ausstrahlung innerhalb der Mathematik. Das gilt insbesondere für das vielfältige Auftreten von Extremalprinzipien, das nicht etwa durch teleologische Wirkungen im Ablauf der Elementarereignisse im Sinne älterer Vorstellungen von Maupertis und auch von Leibniz bestimmt wird, sondern worauf ich an einer anderen Stelle hinwies, [4], vor allen Dingen auf dem Phänomen Stabilität und dessen logische Beziehung zur Extremalität der Erscheinungen basiert. Ebenso besitzen nach unseren Kenntnissen über weite Klassen von Differentialgleichungen die in den Naturwissenschaften wirklich auftretenden besonders weitreichende und schöne Lösungseigenschaften, während das Lösungsverhalten der überwiegenden Zahl der nicht in den Anwendungen vorkommenden Differentialgleichungen kompliziert und schwer in allgemeingültige Regeln faßbar ist. Ähnliches gilt auch für andere Anwendungsgebiete der Mathematik. Nicht wenige Mathematiker sind daher der Ansicht, daß tiefliegende im Mittelpunkt des Interesses befindliche mathematische Theorien in Teilgebieten der

Mathematik, die bisher noch keine Anwendungen gestatteten, am Ende doch einmal für Anwendungen in der Physik, Biologie oder Ökonomie von Bedeutung sein müßten. Wie dies auch im einzelnen sein mag, so charakterisiert es doch eine einzigartige Erscheinung des genannten Parallelismus von mathematischem Denken und den Ereignissen in der Natur, die Tatsache nämlich, daß in der Mathematik an einer großen Zahl von Theorien erst viel später deren fundamentale Bedeutung für die Anwendungen bzw. für die Naturwissenschaft erkannt wird, die deren Schöpfer nicht erahnen konnten:

200 Jahre vor der Zeitrechnung entwickelte der griechische Geometer APOLLONIUS von PERGA systematisch alle wesentlichen Eigenschaften der Kegelschnittkurven: Kreis, Ellipse, Hyperbel und Parabel. Im Jahre 1604, also erst 1800 Jahre später, die erste durchschlagende Anwendung dieser Theorie.: J. KEPLER, der die Arbeiten von APOLLONIUS und die ihrer arabischen Kommentatoren gründlich studiert hatte, entdeckte seine Gesetze der Optik am Parabolspiegel. Ohne die genaue Kenntnis der Arbeiten von APOLLONIUS über die Kegelschnitte hätten sowohl KEPLER 1609 nicht die nach ihm benannten 3 KEPLERschen Gesetze der Bewegung der Planeten und später auch wohl NEWTON nicht seine Gravitationstheorie entwickeln können. EINSTEIN konnte bei der Aufstellung seiner Relativitätstheorie 1910—1915 auf die schwierigen und tiefgründigen Arbeiten B. RIEMANNS 60 Jahre vorher und die hieran anschließenden Arbeiten über den Tensorkalkül italienischer Mathematiker in den siebziger Jahren des vorigen Jahrhunderts zurückgreifen. 60 Jahre vergingen, bis die Matrizentheorie als Schöpfung der reinen Mathematik 1860 in der Physik angewandt wurde und weiter, wer, außer LEIBNIZ, hätte einmal voraussehen können, daß die mathematische Logik Mitte der dreißiger Jahre zur Basis der modernen Computeranalysis aufsteigen würde. Ein letzteres markantes Beispiel noch ist die HILBERTsche Eigenwerttheorie symmetrischer Differential- und Integraloperatoren mit der von ihm in den Jahren 1906—1910 aufgebauten Methode der unendlich vielen Veränderlichen, die das mathematische Rüstzeug für die SCHRÖDINGERsche Wellenmechanik zur Beschreibung des Energieniveaus quantenmechanischer Systeme und für die Theorie linearer symmetrischer Operatoren im Hilbertraum von John von Neumann bereitstellte. HILBERT hat sich selbst später wie folgt hierüber geäußert:

„Ich hatte die Theorie der unendlich vielen Variablen aus rein mathematischen Interessen entwickelt und dabei sogar die Bezeichnungen Spektralanalysis angewandt, ohne ahnen zu können, daß diese einmal später in dem wirklichen Spektrum der Physik realisiert werden würden." vgl. [3].

Die angeführten Beispiele zeigen uns ein wunderbares Wechselspiel zwischen mathematischer Intuition und den Erscheinungen in der Natur, zwischen Mathematik und Erfahrung.

LITERATUR

[1] HILBERT, D.: Axiomatisches Denken, Math. Annalen Bd. 78 (1918) S. 405–415 Mathematische Probleme

[2] HILBERT, D.: Gesammelte Abhandl. Bd. 3, Springer-Verlag 1935, S. 290–329

[3] HILBERT, D.: Naturerkenntnis und Logik, Naturwissenschaften 1930, S. 959–963 oder ges. Abhandl. Bd. 3 (1953), S. 378–387

[4] BECKERT, H.: Bemerkungen zur Theorie der Stabilität, Sitzungsber. d. Sächs. Akad. d. Wiss. Bd. 113, Heft 2, 1977

[5] DAVIS, M.: What is a Computation, Mathematics To day, Springer 1978, S. 241 to 267

[6] KELLER, O.-H.: Das Zählen als angeborne Verhaltensweise, Sitzungsber. Math. Kl. 117, Heft 4, 1984

[7] VAN D. WAERDEN, B. L.: Science Awakening, Noordhoff LTD-Groningen, Holland 1954

[8] VAN D. WAERDEN, B. L.: Geometry and Algebra in Ancient Civilizations, Springer-Verlag 1983

[9] WEYL, M.: David Hilbert and His Mathematical Work Bulll of the American Math. Soc. 50 (1944), S. 612–654

[10] KLIX, Friedhart: Erwachendes Denken, VEB Deutscher Verlag der Wiss., Berlin 1980

Heft 6 Prof. Dr. rer. nat. FRIEDRICH WOLF / Dr. rer. nat. URSULA KOCH, Über den Einfluß der chemischen Struktur von Dispersionsfarbstoffen auf deren Dispersionsstabilität
1979. 18 Seiten – 3 Abbildungen – 10 Tabellen – 8° – M 3,50

Heft 7 Prof. Dr. rer. nat. FRIEDRICH WOLF / Dr. rer. nat. WOLFGANG HEYER, Zur Sorption an Tetracalciumaluminathydroxysalzen 1980. 12 Seiten – 5 Abbildungen – 4 Tabellen – 8° – M 2,–

Band 114

Heft 1 Prof. Dr. HASSO ESSBACH, Morphologisches zur orthologischen und pathologischen Differenzierung und zum Anpassungs- und Abwehrvermögen der menschlichen Placenta
1980. 19 Seiten – 12 Abbildungen – 8° – M 4,–

Heft 2 Prof. Dr. med. WERNER RIES, Risikofaktoren des Alterns aus klinischer Sicht
1980. 19 Seiten – 9 Abbildungen, davon 1 Abbildung auf Tafel – 8° – M 4,–

Heft 3 Prof. Dr. OTT-HEINRICH KELLER, Anschaulichkeit und Eleganz beim Alexanderschen Dualitätssatz
1980. 19 Seiten – 8° – M 4,–

Heft 4 Prof. Dr. rer. nat. BENNO PARTHIER, Die cytologische Symbiose am Beispiel der Biogenese von Zellorganellen 1981. 29 Seiten – 16 Abbildungen – 2 Tabellen – 8° – M 6,–

Heft 5 Prof. Dr. F. WOLF / Dr. S. ECKERT / Dr. M. WEISE / Dr. S. LINDAU, Untersuchungen zur Synthese und Anwendung bipolarer Ionenaustauschharze 1980. 12 Seiten – 6 Tabellen – 8° – M 2,–

Heft 6 Prof. Dr. med. HERBERT JORDAN, Balneobioklimatologie – Eine Zielstellung im Mensch-Umwelt-Konzept 1981. 25 Seiten – 8 Abbildungen – 1 Tabelle – 8° – M 4,–

Band 115

Heft 1 Prof. Dr. rer. nat. HERMANN BERG, Wilhelm Ostwald – Erkenntnisse über die Biosphäre
1981. 36 Seiten – 7 Abbildungen – 3 Tabellen – 8° – M 6,–

Heft 2 Prof. Dr. sc. KLAUS DÖRTER, Aphorismen zur Qualität des Bewässerungswassers
1981. 31 Seiten – 11 Abbildungen – 11 Tabellen – 8° – M 6,–

Heft 3 Prof. Dr.-Ing. Dr. h. c. PAUL GÖRLICH, Die geschichtliche Entwicklung des wissenschaftlichen Gerätebaus und seine zukünftige Bedeutung 1981. 36 Seiten – 8° – M 6,–

Heft 4 Prof. Dr. WOLFGANG BUCHHEIM, Albert Einstein als Wegbereiter nachklassischer Physik
1981. 29 Seiten – 8° – M 4,–

Heft 5 Prof. Dr.-Ing. HERBERT KRUG, Die Technologie der Brikettierung von Weichbraunkohle im Lichte der Verfahrenstechnik und der besseren Nutzung dieses Energieträgers
1982. 20 Seiten – 13 Abbildungen – 8° – M 3,–

Heft 6 Prof. Dr. ERNST NEEF, Der Verlust der Anschaulichkeit in der Geographie und das Problem der Kulturlandschaft 1981. 34 Seiten – 8° – M 5,–

Band 116

Heft 1 Prof. Dr. WERNER RIES, Studium zum biologischen Alter
1982. 27 Seiten – 10 Abbildungen – 8° – M 4,–

Heft 2 Prof. Dr. RUDOLF SACHSENWEGER, Augenunabhängige optosensorische Wahrnehmungsformen
1983. 19 Seiten – 8° – M 4,–

Heft 3 Prof. Dr. HANS-GEORG SCHÖPF, Die Griechen und die Natur 1983. 62 Seiten – 8° – M 8,–

Heft 4 Prof. Dr. Ing. JÁN BENETIN, Mathematisches Modell für das Wachstum von landwirtschaftlichen Kulturen und seine Verwertung in der quantitativen Beurteilung des Bewässerungseffektes auf die Steigerung der Ernteerträge 1983. 36 Seiten – 18 Abbildungen – 3 Tabellen – 8° – M 6,–

Heft 5 Prof. Dr. HANS DRISCHEL †, Neues über die Pupille
1983. 30 Seiten – 26 Abbildungen – 8° – M 4,–

Heft 6 Prof. Dr. BENNO PARTHIER, Der Beitrag der Molekularbiologie zur Evolutionserkenntnis
1983. 41 Seiten – 19 Abbildungen – 2 Tabellen – 8° – M 6,–

Heft 7 Prof. Dr. ADOLF WATZNAUER, Die Rolle des Radons (Isotop ^{222}Rn) als Umweltfaktor – eine Übersicht
1983. 34 Seiten – 3 Abbildungen – 4 Tabellen – 8° – M 5,–

Band 117

Heft 1 Prof. Dr. sc. KLAUS DÖRTER, Einige Aspekte zum landeskulturellen Nutzen des Meliorationswesens
1984. 31 Seiten – 10 Abbildungen – 11 Tabellen – 8° – M 8,–

Heft 2 Prof. Dr. HERBERT BECKERT, Nichtlineare Elastizitätstheorie 1984. 58 Seiten – 8° – M 8,–

Heft 3 Prof. Dr. HERBERT JORDAN, Zur funktionellen Normalität des Menschen
1984. 29 Seiten – 15 Abbildungen – 1 Tabelle – 8° – M 4,–

Heft 4 Dr. ARND BERNHARDT, Beiträge zum Problemkreis des Landschaftswandels *In Vorbereitung*

Heft 5 Prof. Dr. OTT-HEINRICH KELLER, Das Zählen als angeborene Verhaltensweise
1984. 36 Seiten – 11 Abbildungen – 8° – M 6,–

Heft 6 Prof. Dr WOLFGANG BUCHHEIM, Komplementarität nach Niels Bohr – physikgeschichtliche Episode oder universale Kategorie von Ergänzung? 1984. 30 Seiten – 3 Tabellen – 8° – M 4,–

Heft 7 Prof. Dr. BENNO PARTHIER, Gene, Gentechnik, Genmanipulation
1984. 28 Seiten – 7 Abbildungen – 8° – M 4,–

Band 118

Heft 1 Prof. Dr. HANS JÜRGEN RÖSLER, Geowissenschaften und Geochemie
1985. 25 Seiten – 11 Abbildungen – 8° – M 4,–

Heft 2 Prof. Dr. HERBERT BECKERT, Axiomatik – Mathematik und Erfahrung *Vorliegendes Heft*

Heft 3 Prof. Dr. HERMANN BERG, Zellfusion, Transformation und Pharmakainkorporation durch Elektrostimulation *In Vorbereitung*

Heft 4 Prof. Dr. N. JOACHIM LEHMANN, Die analytische Maschine, Grundlagen einer Computer-Analytik
1985, 64 Seiten – 5 Abbildungen – 8° – M 8,–

Heft 5 Prof. Dr. UHLMANN, Die Anthropogene Entrophierung der Gewässer – ein umkehrbarer Prozeß? *In Vorbereitung*

Heft 6 Prof. Dr. FRIEDRICH WOLF, Dr. MAGDALENE WEISE, Der Sirotherm-Prozeß – ein Verfahren zur rationellen Wasserentsalzung *In Vorbereitung*

Einzel- oder Fortsetzungsbestellungen durch eine Buchhandlung erbeten

Sitzungsberichte bis Band 108
durch das Zentralantiquariat der Deutschen Demokratischen Republik, Leipzig
ab Band 109 durch die Universitätsbuchhandlung, 7010 Leipzig, zum Teil noch lieferbar

THEORIA CUM PRAXI

AKADEMIE-VERLAG

DDR - 1086 Berlin, Leipziger Straße 3–4

FSC
www.fsc.org
MIX
Papier | Fördert gute Waldnutzung
FSC® C083411

Zeitfracht Medien GmbH
Ferdinand-Jühlke-Straße 7
99095 Erfurt, Deutschland
produktsicherheit@kolibri360.de